ÉTUDE

SUR LES

MACHINES A VAPEUR

MARINES

ET

LEURS PERFECTIONNEMENTS

PAR

M. VICTOR DELACOUR

Ingénieur, directeur des travaux des Messageries Impériales.

PARIS

ARTHUS BERTRAND, ÉDITEUR

LIBRAIRIE MARITIME ET SCIENTIFIQUE

21, RUE HAUTEFEUILLE, 21.

ÉTUDE

SUR LES

MACHINES A VAPEUR MARINES

ET

LEURS PERFECTIONNEMENTS.

ÉTUDE

SUR LES

MACHINES A VAPEUR

MARINES

ET

LEURS PERFECTIONNEMENTS

PAR

M. VICTOR DELACOUR

Ingénieur, directeur des travaux des Messageries impériales.

PARIS

ARTHUS BERTRAND, ÉDITEUR

LIBRAIRIE MARITIME ET SCIENTIFIQUE

21, RUE HAUTEFEUILLE, 21.

ETUDE

SUR LES

MACHINES A VAPEUR MARINES

ET LEURS PERFECTIONNEMENTS.

La construction des machines à vapeur marines est parvenue à un degré de perfectionnement qui permet aujourd'hui d'aborder des problèmes nouveaux et de mettre en valeur des idées momentanément délaissées, dont la réalisation a rencontré des obstacles matériels à une époque où tout était à créer : ateliers de construction, outillage d'exécution, et où personne n'avait encore de conviction bien arrêtée sur le rôle que la vapeur serait appelée à jouer définitivement dans la navigation.

Maintenant le vaisseau sans vapeur n'est plus qu'un ponton ; la lutte de vitesse des navires cuirassés, dont les nations maritimes seront bientôt dotées, restera l'un des moyens les plus puissants d'attaque et de défense; il faut, à tout prix, accroître, avec la force de la cuirasse et de l'artillerie, la rapidité des mouvements.

Le développement de la marine de transport à vapeur donne, à un autre point de vue, un caractère très-important aux progrès qui pourront être réalisés sur les machines. Les courants s'établissent et se forment graduellement sur les routes commerciales ouvertes et fréquentées régulièrement par les paquebots; le transport des voyageurs et des marchandises s'accroît dans une proportion sensible et soutenue; les peuples se forment à ces échanges. Les perfectionnements économiques des appareils à vapeur prennent ainsi un nouveau mérite; ces améliorations s'adressent, en effet, à des intérêts devenus considérables et satisfont à des besoins qui grandissent.

La navigation à vapeur non-seulement encourage les échanges, mais tend aussi à se les approprier presque en totalité au détriment de l'ancienne marine. Les paquebots, rares et peu volumineux dans l'origine, ne faisaient d'abord que des transports de choix. Il n'en est plus de même sur la plupart des lignes régulières ; la voile y est absorbée par la vapeur; les marchandises sont abondantes, mais communes et d'un prix peu élevé. Les conditions dans lesquelles doivent être conçus et proportionnés les bâtiments et leurs appareils mécaniques ne sont plus les mêmes; le problème s'est déplacé depuis quelques années. Il faut de grands navires, conservant encore une marche satisfaisante et régulière, mais dont les frais soient diminués, afin que le matériel naval se trouve mis dans son emploi au niveau des intérêts actuels.

La nature de ces améliorations et de ces perfectionnements est toute particulière. A mesure que le nombre des navires augmente sur les lignes, encore si restreintes, du globe, les consommations de combustibles s'élèvent en proportion. Les transports des charbons, qui viennent jusqu'à présent, en grande partie, des mêmes mines de l'Europe, chargées d'alimenter le monde entier, emploient une véritable flotte à voiles qui va incessamment préparer les voies à la navigation à vapeur. Mais tous ces navires reviendraient à vide, s'ils ne trouvaient pas de marchandise de retour qu'il leur faut à tout prix ; ils se chargent d'une partie du fret qui aurait trouvé place sur les navires à vapeur ; ils leur font donc une concurrence nuisible dans un sens, tout en se mettant à leur service dans l'autre.

Ainsi la marine commerciale à vapeur et la marine à voiles ont une existence solidaire ; l'une ne peut marcher sans l'autre et un certain équilibre cherche à s'établir entre les deux. Dans ce problème économique, on voit de suite le rôle que joue la consommation de combustible ; outre le préjudice qui vient d'être signalé et dont l'effet est d'augmenter largement les frais de la vapeur en nécessitant une autre navigation parallèle, elle grève les bénéfices du fret d'une perte de place occupée par le charbon d'approvisionnement nécessaire à chaque traversée et sans cesse renouvelé.

Économiser le combustible, c'est donc réduire les frais, augmenter le rayon d'action de la marine à vapeur, desservir des besoins plus généraux et plus intéressants, diminuer l'importance de la marine à voiles qui limite l'essor de la navigation à vapeur, enfin laisser à bord plus d'espace, plus de port utile pour le trafic.

La marine militaire compte sur le commerce pour l'approvisionner de son combustible ; dès lors, elle est plus absolue. Elle ne veut que des vaisseaux à vapeur et à grandes vitesses, par conséquent consommant beaucoup de charbon. Elle n'est pas obligée, comme la marine commerciale, de vivre d'elle-même ; elle échappe ainsi à la question d'ensemble que celle-ci doit résoudre.

L'économie en elle-même n'est que tout à fait secondaire à bord des vaisseaux, mais elle augmente le port utile et donne indirectement le moyen d'accroître leur puissance militaire sans sortir des types que l'expérience a indiqués comme convenables à la manœuvre des escadres et à la fréquentation des rades. L'ensemble des machines, des chaudières et du charbon constitue un poids qui devient moindre si la consommation du combustible l'est elle-même, et dont l'excédant profitera à la force de l'artillerie et à l'épaisseur des cuirasses. Ainsi, malgré l'accroissement du poids des appareils à vapeur qui sera peut-être la conséquence d'additions et de perfectionnements nouveaux, il y aura une réduction sur la somme des appareils mécaniques et du charbon d'approvisionnement qui diminuera en proportion de l'économie réalisée.

L'avantage cependant paraît devoir tourner d'un autre côté.

L'économie sera plutôt utilisée pour mettre à bord une machine plus forte qui donnera plus de vitesse aux vaisseaux. Une modification dans la distribution du poids des machines et de celui du charbon permettra, tout en conservant le total tel qu'il est, de reporter l'économie au bénéfice de la puissance. Il ne faut pas douter que la marine de transport se place à ce même point de vue, et que dans un grand nombre de cas elle préfère l'amélioration des vitesses à l'économie absolue. Beaucoup de lignes régulières sont desservies par des moyens trop lents encore ; les navires à vapeur ne font guère que le tiers de la vitesse des chemins de fer ; les raisons qui entraînent à l'augmenter sur terre, entre certaines grandes villes, existent également sur mer entre les principaux ports.

Le problème est le même pour la marine militaire et pour le commerce qui, sous ce rapport, ont des intérêts égaux; l'économie du combustible et les progrès qui tendent à l'obtenir conduisent au même but : créer à bord un poids disponible qui sera utilisé, soit pour accroître la puissance matérielle du navire, soit pour augmenter la force des machines et, par conséquent, les vitesses.

Depuis trente ans que datent les machines à vapeur marines, des progrès incessants ont été faits, et il est vrai de dire que maintenant ces appareils sont arrivés à un degré de perfectionnement qui ne laisse plus grande ressource aux améliorations de quelque importance, s'ils continuent à être conçus dans les mêmes idées. C'est seulement en étudiant des changements de systèmes qu'on peut continuer la marche progressive de la marine à vapeur, et il faut y entrer sans hésitation.

Durant cette période, beaucoup de projets nouveaux ont été formés; quelques-uns ont été mis en expérience, d'autres ont été délaissés parce que les forces productives étaient absorbées par la création du matériel naval nécessaire au développement toujours croissant. Les machines à éther de M. du Tremblay, les appareils à chloroforme de M. Delafond ont été de ceux qui ont eu la faveur d'être essayés. Les inventeurs avaient cherché à y combiner la force élastique de ces matières avec celle de la vapeur d'eau, de manière à utiliser au profit de la puissance mécanique la chaleur qui se perd au condenseur des machines ordinaires, et qui est rejetée au dehors par les pompes à air. Les résultats économiques, pris d'une manière absolue, étaient incontestables, et en fait ces machines ont été abandonnées non-seulement par l'État qui avait fait une expérience très-sérieuse, mais aussi par le commerce qui avait organisé des services spéciaux en vue des avantages qu'elles devaient présenter. Les succès du début ne se sont pas maintenus.

Plusieurs éléments doivent être mis en balance quand on veut apprécier la vraie valeur des inventions, même de celles qui s'offrent sous les aspects les plus séduisants. L'économie absolue n'est pas la seule à envisager; il faut tenir compte du coût de la construction d'abord. Si une machine, en effet, revient à un prix très-élevé, il se peut que la compensation s'établisse en raison de l'excédant de dépense annuelle qui résultera d'un capital supérieur. Par le même motif, il faut n'employer que des machines dont l'entretien soit dans les conditions les plus avantageuses; cet élément joue, dans la question, un rôle très-large. S'il devait résulter de complications dans le mécanisme des réparations plus dispendieuses et surtout plus fréquentes, l'invention n'aurait pas de vitalité. La disponibilité constante et l'activité du navire sont de la plus grande importance, puisqu'elles forment en partie la mesure du matériel naval dont on aura besoin pour remplir un programme déterminé.

Pour préciser ce qui précède, supposons qu'un bâtiment de 250 chevaux de force consomme 100,000 fr. de combustible par an, ce qui correspond au service moyen qu'on peut obtenir sur mer, dans la Méditerranée par exemple; cette machine coûtera 300,000 fr. et comportera un chiffre d'intérêt et d'amortissement de **36,000** fr. par an qui, augmenté de l'entretien, s'élèvera à **50,000** fr., soit la moitié au moins de la dépense de charbon. On conçoit très-bien, d'après ces chiffres, qu'une économie, même très-grosse, puisse être absorbée par l'exagération de la dépense de construction et des frais annuels qui s'y rattachent, augmentés de dépenses d'entretien qu'une complication de système et d'organes ne manque pas d'entraîner avec soi ; on conçoit même que la différence puisse être assez peu avantageuse pour ne pas compenser les bénéfices que nous appellerons indirects et qui consistent, en première ligne, dans l'amélioration du port disponible, par suite de la réduction dans l'approvisionnement du charbon.

Cet aperçu fait voir combien il importe d'élargir le champ des investigations quand on prétend juger le mérite d'avenir, le mérite sérieux des inventions nouvelles, et quand on veut discerner celles qui doivent flotter et poursuivre leur route de celles dont la stabilité n'est que précaire et momentanée.

L'objet des recherches actuelles ne consiste pas précisément dans des idées nouvelles, nous venons de le dire. On se préoccupe de tirer parti de toutes celles qui ont été délaissées, quoique présentant certains avantages évidents. Maintenant elles sont reprises ; elles ont une valeur qui n'était pas la même antérieurement.

L'emploi des grandes détentes dans les cylindres, de la surchauffe des vapeurs, l'augmentation de la pression aux chaudières et la condensation opérée par les appareils à surface, remplaçant les condenseurs à injection, tels sont les principaux moyens qui sont mis en œuvre ou plutôt en essai, pour améliorer actuellement l'usage des machines marines.

Nous nous proposons de discuter successivement chacune des questions qui s'y rattachent, et d'analyser les résultats qu'on peut en espérer pour les progrès de la navigation.

SURCHAUFFE DE VAPEUR.

Il n'y a pas de grandes détentes possibles sans qu'elles soient accompagnées de la surchauffe. L'expérience a surabondamment enseigné qu'au delà de certaines expansions toute économie théorique disparaissait. Les refroidissements qui les accompagnent nécessairement causent sur la vapeur, telle qu'elle sort des chaudières ordinaires, des condensations qui balancent les avantages qu'on devrait en retirer. La vapeur surchauffée donne le moyen d'atténuer ces effets, non-seulement parce que la quantité de calories qu'elle renferme est plus considérable, qu'elle conserve une température meilleure en se dilatant, et qu'elle est plus sèche et plus élastique, mais aussi parce que les cylindres et toutes les parties des machines où la vapeur effectue son travail mécanique peuvent être chauffés à une haute température par une circulation extérieure de cette vapeur.

La surchauffe a été obtenue par d'assez nombreux appareils, parmi lesquels, en Angleterre, ceux de M. Penn et de M. Lamb ; en France, ceux de M. Delafond et d'autres. Tous ces systèmes se résument dans une idée analogue : faire circuler la vapeur qui vient de la chaudière et se rend aux machines par un régime de tubes ou de surfaces métalliques qui sont placés dans la base des cheminées, de manière à y prendre la chaleur qui se perd inutilement dans cette partie des appareils évaporatoires.

La surchauffe n'est pas une idée nouvelle ; il y a longtemps que les expériences en sont poursuivies, et elle serait peut-être arrivée plus tôt à la valeur pratique qu'elle a aujourd'hui, si l'on n'avait pas cherché à en tirer plus d'avantages qu'elle n'est susceptible de donner réellement. On ne peut pas impunément élever la température au delà d'une limite assez restreinte ; on s'expose à déterminer, dans les organes des machines, composés de métaux différents, des dilatations sensiblement inégales qui en dérangent la précision et nuisent au fonctionnement régulier ; les moyens de graissage deviennent difficiles dès qu'on dépasse 250°.

La surchauffe n'est devenue utile qu'en la fixant, en moyenne, pour les machines marines, à 175° centigrades environ, de manière à ne pas dépasser 200°. On obtient ce résultat en donnant aux surfaces de surchauffe placées dans la base des cheminées une étendue de 20 décimètres carrés par cheval nominal. Cette quantité doit être augmentée pour les petits diamètres de cheminées et diminuée pour les grands ; le tirage tend à emmener, toutes choses proportionnelles d'ailleurs, plus de gaz chaud dans les grandes cheminées que dans les petites, parce que les frottements sur les parois sont relativement plus importants sur celles-ci ; les rayonnements et les pertes, par la surface des cheminées, y sont également plus considérables.

Limitée aux températures qui viennent d'être indiquées, la

surchauffe doit être regardée comme faisant partie du domaine des choses pratiques ; elle n'entraîne avec elle aucun fait nuisible au bon et régulier fonctionnement des appareils mécaniques. Le caoutchouc doit être prohibé dans les garnitures ; il fond à 180° et se ramollit à des températures inférieures, de manière à perdre toute élasticité. Les garnitures métalliques doivent partout remplacer les autres et même celles en chanvre et en coton dans les parties frottantes ; il n'en résulte pas de difficultés sérieuses, et l'on sait aujourd'hui comment résoudre ces questions de détail.

On peut admettre que la surchauffe ainsi proportionnée donnera, dans les machines marines ordinaires, une économie de 10 à 12 pour 100, de laquelle il faut déduire la dépense et la détérioration de l'appareil. Ainsi l'économie finale est peut-être de 6 à 7 pour 100, quantité peu considérable.

On trouve que le chiffre de 10 pour 100 correspond à peu près exactement à la quantité de calories supplémentaires dont la vapeur est chargée ; en d'autres termes, que l'économie consiste simplement dans la quantité de chaleur recueillie à la base de la cheminée, qui serait perdue et emportée par le tirage.

Mais, si les effets de la surchauffe sont ainsi minimes et peu importants dans les machines marines ordinaires, il doit en être tout différemment dans l'emploi combiné de la surchauffe et des grandes détentes, par les raisons qui viennent d'être exposées ; on peut dire que ce fait est confirmé par l'expérience. Nous regardons ainsi les appareils à surchauffe comme la base fondamentale sur laquelle doivent s'appuyer les études nouvelles de machines à grandes détentes, dans la discussion desquelles nous allons entrer.

GRANDES DÉTENTES.

M. Dupuy de Lôme, directeur du matériel de la marine impériale, est le premier qui, en France, ait essayé l'emploi des grandes détentes appliquées aux machines marines. Il a fait construire des appareils à trois cylindres qui n'ont pas été encore complétement expérimentés, mais qui ne peuvent manquer d'atteindre leur but. La vapeur arrive dans le cylindre central, s'y détend et se distribue ensuite aux deux autres. Si l'on étudie la nature des pressions qui se développent dans cette disposition, on trouve qu'elles sônt largement réduites, que les trois cylindres fonctionnent comme des appareils à basse pression, que les efforts sur les têtes de bielles et sur les paliers sont diminués de moitié, et que le couple de rotation (*) des trois cylindres appliqués chacun à des manivelles divisant la circonférence en trois angles égaux est d'une uniformité très-suffisante pour toutes les positions des manivelles.

Il en résulte qu'on peut donner une allure rapide à ces

(*) Nous appelons ici couple de rotation l'ensemble des forces agissant sur les pistons, composées suivant la circonférence décrite par les manivelles et appliquées sur leur rayon.

machines, ce qui est très-précieux pour les appareils de forte puissance dont il est fait usage maintenant dans la marine militaire. Nous reviendrons plus loin sur le couple de rotation, et nous ferons ressortir qu'on peut obtenir des effets pareils sans qu'il y ait trois cylindres aux machines ou, autrement dit, trois manivelles divisant la circonférence en angles égaux.

Dans l'appareil de ce genre, à trois cylindres de même diamètre, il est évident que la détente n'est pas illimitée ; l'introduction au cylindre central doit être petite, si l'on veut obtenir une expansion élevée. Les seconds pistons ne sont pas à la position qui convient pour recevoir la vapeur quand le premier l'évacue ; il faut, en conséquence, renvoyer la vapeur dans un réservoir intermédiaire. Il sera évité quand on emploiera des machines à quatre cylindres, fonctionnant par paires, parce qu'alors la régulation peut être combinée de manière que l'évacuation d'un cylindre corresponde exactement à l'entrée de la vapeur dans l'autre.

Les constructeurs anglais ont, depuis plusieurs années, entrepris des essais de machines à grandes détentes ; MM. Randolphe, Elder de Glascow ont fait de nombreux et ingénieux appareils pour des navires de l'océan Pacifique. Ils ont employé trois, quatre et même six cylindres. Nous préférons beaucoup quatre cylindres à six ; l'expérience a, de tout temps, prouvé que leur petit nombre avait des avantages assez notables pour qu'on ne l'augmentât pas sans raison, et nous trouvons qu'avec quatre cylindres on est maître de combiner les détentes de la manière la plus complète. Nous comprenons ces quatre cylindres divisés en deux groupes, chaque paire de pistons ayant un mouvement synchrone de manière que la

2

vapeur qui a travaillé dans le cylindre d'admission passe, à bout de course, dans celui où elle doit prendre toute son expansion. C'est à peu près une paire de machines de Wolf. Les cylindres pourraient être tous les quatre à côté les uns des autres ou chevauchés deux par deux, les uns à droite les autres à gauche de l'arbre principal ; le piston du cylindre d'admission irait à l'inverse de celui du cylindre de détente, ce qui s'obtiendrait en les appliquant sur des manivelles diamétralement opposées. De cette façon, l'évacuation du premier cylindre se ferait dans le second *directement* par le conduit le plus court, et les espaces morts seraient réduits à leur plus petite valeur, c'est-à-dire que la vapeur perdue dans les conduits, sans qu'elle ait donné tout son travail, serait aussi limitée que possible.

Certains constructeurs anglais, qui ont déjà fait des machines à quatre cylindres, mettent les cylindres d'admission bout à bout avec ceux de détente. Telles sont les machines de MM. Humphrys, de Londres, et Jacques, de Liverpool. Il est facile de voir que les conduits de vapeur sont très-volumineux entre les deux extrémités des cylindres, et qu'il y a là une cause de perte de travail assez sensible. Il est vrai qu'on simplifie le mécanisme, puisqu'il n'y a qu'une seule bielle pour les deux cylindres, mais le passage de la tige du piston d'un cylindre dans l'autre est difficile à bien combiner et à bien fermer.

Pour atteindre le but que nous venons d'indiquer et réduire les espaces nuisibles, MM. Randolphe, Elder et comp. de Glascow ont adopté une machine à quatre cylindres inclinés à 45° sur la verticale, formant ainsi, par couple, des cylindres dont les

axes sont à angle droit. Il en résulte que, quand l'un des petits pistons est à fond de course, le grand piston de l'autre
machine est au haut, et qu'on peut faire l'évacuation directe de la
même manière que nous venons de l'indiquer pour les appareils à quatre cylindres horizontaux. La disposition adoptée par
MM. Randolphe, Elder et comp. est applicable aux machines à
hélice et aux machines à roues.

M. Norman fils, du Havre, se préoccupant du refroidissement
que subit la vapeur qui se détend dans le cylindre d'admission
et passe ensuite dans les autres, a réalisé, comme expérience, une
combinaison, inventée par M. P. Verrier, qui consiste à con-
duire la vapeur dans un réchauffeur intermédiaire. Ce perfectionnement serait surtout utile pour des machines où la détente serait grande dans le premier cylindre et où, par conséquent, la vapeur serait déjà refroidie; il servirait également
avec avantage si les conduits intermédiaires étaient très-grands.
Dans les cas contraires, nous pensons que cette complication
peut être évitée en surchauffant la vapeur et en entretenant,
à une haute température, l'enveloppe des cylindres, disposition dont on retirera toujours des avantages extrêmement notables.

Si l'augmentation de la détente donne des économies de combustible, elle conduit à des accroissements de dépenses qui sont
la conséquence de la plus grande complication des machines;
il en résulte plus d'entretien, plus de frais d'amortissement et
de capital. On peut donc se demander si, au point de vue d'une
économie générale bien entendue, il faut développer beaucoup

les détentes, et jusqu'à quelle limite. En cherchant à discuter cette question, on trouve qu'on a indéfiniment à gagner en accroissant l'expansion, qu'au delà de dix à douze fois les bénéfices à en attendre sont presque nuls, que le point où il convient de limiter la détente est à peu près le même, quel que soit le prix du combustible, mais que, s'il est élevé, les résultats économiques de l'expansion sont bien plus considérables d'une façon absolue. On serait porté à croire que la limite doit se reculer à mesure que les machines marines sont destinées à fonctionner avec des charbons plus coûteux; cependant nous trouvons le contraire, et nous l'expliquons en faisant remarquer que les avantages qu'on peut obtenir, en poussant la détente au delà de dix à douze fois l'introduction, étant à peu près nuls, sont sans importance, quel que soit le coût du combustible économisé. Nous concluons en disant que l'on doit regarder l'expansion décuple de l'introduction comme une limite propre à réaliser les meilleurs résultats; dans la plupart des cas, il n'y a pas avantage à l'étendre au delà.

Nous allons voir, dans la discussion suivante, que d'autres motifs engagent à limiter en dessous de ce terme les détentes des machines marines, accouplées par paires sur les mêmes arbres de couche.

Comme nous l'avons déjà constaté, la régularité du couple de rotation mérite d'être étudiée. La pression constante de la machine, qui pousse un navire en avant contre une résistance qui varie, puisque les agitations de la mer la font changer incessamment, est une condition essentielle pour bien utiliser puissance. Sur les navires à roues, celles-ci servent de volants et contribuent, par leurs grands diamètres, à uniformiser le mouvement ; l'hélice n'atteint pas le même but, et les machines qui ne sont pas combinées pour l'uniformité du couple de rotation ont non-seulement des forces variables, mais des vitesses notablement différentes, si on les mesure aux diverses positions des manivelles. L'irrégularité de cette allure pendant chaque tour de machine peut expliquer les reculs négatifs qui se produisent dans certaines conditions particulières non encore bien définies ; ils sont cependant incontestables.

On conçoit que l'action de la machine sur le navire se transmet surtout aux positions des manivelles qui correspondent aux maxima du couple de rotation et en même temps aux maxima des vitesses circonférentielles. De sorte que, quand on calcule le recul d'après le nombre des tours moyen, on fait une erreur ; il faudrait le compter avec le nombre de révolutions qui correspond aux maxima ; en d'autres termes, les reculs négatifs, qui, en principe, sont inexplicables et sont contraires à la raison, seraient le résultat d'une erreur dans le mode d'évaluation qui se fait sur des moyennes et n'est qu'approximatif. Il n'en est pas moins vrai qu'ils n'ont rien d'avantageux pour l'utilisation ; ils correspondraient surtout à des appareils n'ayant pas la meilleure régularité de marche.

Pour étudier le couple de rotation, nous avons tracé, dans chaque cas, des courbes théoriques ou des courbes approximatives formées par comparaison avec ce que donnent les indicateurs Watt appliqués sur des machines en expérience. On a ainsi, à chaque instant, la force développée sur un piston ; on la compose, suivant la tangente, en la multipliant par le sinus de l'angle de la manivelle avec l'axe du cylindre. On trace, en développant la circonférence, une courbe donnant la variation du couple élémentaire pour un cylindre, et, en ajoutant les ordonnées des courbes de chaque cylindre placées à l'écartement convenable l'une de l'autre, on trouve la force rotative dont on peut suivre les variations pour chaque position respective des manivelles.

Si on fait ce travail sur la machine ordinaire à deux cylindres, on reconnaît que les maxima ont lieu quand les manivelles forment des angles de 45° avec les axes des cylindres et que les minima correspondent aux quatre points morts. En désignant par p la pression initiale aux cylindres, par i l'introduction de vapeur et en comptant que le vide sera de 56 centimètres au baromètre à mercure, on exprime les maxima par :

$$\text{Si } i > 0,15 \quad 0,707 \left(p + \frac{pi}{0,8535} - 40 \right),$$

$$\text{Si } i < 0,15 \quad 0,707 \left(\frac{pi}{0,1259} - 40 \right),$$

et les minima par :

$$\text{Si } i > 0,5 \quad p - 20,$$
$$\text{Si } i < 0,5 \quad 2pi - 20.$$

Supposons une machine ordinaire marchant à 2 atm. 1/2 de pression totale et faisons $p = 170$. On conclut de ce qui précède que pour une introduction égale aux 3/4 de la course, le maximum du couple de rotation est au minimum dans le rapport 1,25. Le plus petit rapport a lieu quand l'introduction finit au milieu de la course; on obtient ainsi 1,09. Pour l'introduction $i = 1/4$, la valeur du rapport est 1,70, et, si on réglait une machine avec une introduction du dixième de la course seulement, le rapport du maximum au minimum atteindrait presque 5.

On voit par là l'impossibilité d'accroître beaucoup la détente dans les machines ordinaires, car, aussitôt que l'on descend au-dessous du 1/4 de la course pour l'introduction, il y a des causes d'inégalité trop considérables dans le mouvement, et, si on la réduisait au 1/8 ou 1/10 de la course, on trouverait des variations énormes qui nuiraient à la bonne utilisation de la puissance.

C'est le principal mérite de la machine inventée par Wolf de permettre de grandes détentes en maintenant la régularité dans l'allure; elle a, en outre, l'avantage de séparer l'admission de la grande expansion, puisque ces deux fonctions de la vapeur se passent dans des cylindres différents. On diminue ainsi d'une façon notable, même avec la surchauffe, les pertes qui se font par condensation.

En appliquant les méthodes qui viennent d'être indiquées à des appareils doubles à deux cylindres, dans lesquels le premier reçoit la vapeur et la détend en partie, tandis que le second ne sert qu'à l'expansion, on reconnaît que le rapport du couple de rotation maximum au couple minimum ne dépend pas sensiblement de la détente partielle faite dans le premier cylindre, mais qu'il résulte surtout de l'expansion totale. Pour une introduction 1/10 et une détente égale à 10 fois par conséquent cette introduction, le rapport dont il s'agit sera à peu près 2, et, si l'expansion totale est 9, ce rapport sera environ 1,7 comme pour les machines ordinaires où l'on introduit au 1/4 de la course. Par exemple, si l'on introduit 0,6 de la course dans le petit cylindre et si la surface du grand piston est 5, 4 fois celle du petit, on verra, en développant les calculs, que ce rapport reste dans les limites usitées sur les machines ordinaires, et l'expansion sera cependant de 9 fois l'introduction. Les valeurs minima du couple de rotation auront lieu quand l'axe des deux manivelles sera au point mort, et les valeurs maxima quand l'une d'elles fera, avec l'axe des cylindres, un angle de 30° environ, tandis que l'angle de la seconde est de 60°. Il y a ainsi quatre maxima égaux par tour et quatre minima. Le rapport de la valeur maximum du couple de rotation avec le minimum sera de 1,55, c'est-à-dire à peu près ce qu'on obtient dans une machine ordinaire quand l'introduction est 0,32 de la course : ce sont de très-bonnes conditions.

Il est intéressant de connaître également les variations du couple de rotation pour les machines à trois cylindres égaux dont nous avons parlé; le premier recevant la vapeur et la détendant, les deux autres servant à l'expansion totale. Nous supposons qu'elle soit celle qui correspond à une introduction de vapeur de 0,25 : nous trouvons alors, en développant les épures précédentes, que le maximum principal a lieu quand la manivelle du cylindre central a ouvert un angle de 100° environ depuis le point mort du haut, et que le minimum se produit quand l'une des manivelles des cylindres d'expansion est à son point mort. Nous trouvons, de plus, que le rapport du maximum au minimum est 1,71. A première vue, on le supposerait moindre parce que les trois manivelles étant également écartées paraissent devoir déterminer une répartition très-égale des forces sur la circonférence dans toutes les positions; mais, en

opérant les calculs, on reconnaît que l'influence des trois manivelles s'exerce en même temps avec efficacité dans certains
angles, et que leur action simultanée pour la rotation relève le
maximum. Ainsi ces machines ont des variations de couple de
rotation qui sont analogues à ce qu'ou obtient dans les appareils ordinaires avec une introduction de 1/4 de la course.

Si l'on veut connaître, pour toutes les machines, le rapport
du travail de rotation à celui dépensé sur les pistons, cette recherche est assez facile ; au moyen des épures dont nous parlons, on peut se rendre compte, avec une approximation suffi-
sante, du mérite de chaque type ; on reconnaît que, quelle que
soit l'introduction de vapeur dans les appareils ordinaires, l'u-
tilisation est la même, et varie de 0,628 à 0,630. Dans les machines à trois cylindres telles que nous les avons indiquées, ce
rapport s'élève à 0,634. Pour quatre cylindres détendant
9 fois, nous trouvons 0,6305. En résumé, l'effet utile est toujours le même ; le chiffre 0,630 représente la réduction que
subit le travail sur les pistons dans la transformation du mouvement circulaire ; encore ne tenons-nous pas compte de l'o-
bliquité des bielles qui le diminuerait d'une façon sensible ; la
perte qui en résulte s'accroît aussi des frottements auxquels
elle donne lieu. Elle représente le bénéfice qu'on retirerait des
machines rotatives si l'on parvenait à triompher des difficultés
de fonctionnement qu'on a rencontrées dans toutes les tentatives qui ont été faites à ce sujet, bien digne de fixer l'attention
et les recherches des constructeurs.

Dans la discussion qui précède, nous n'avons tenu compte
ni du poids des pièces en mouvement ni des forces vives. Si
les machines à cylindres horizontaux ne sont pas influencées

par la pesanteur des pistons et des autres mécanismes, le couple
de rotation des machines verticales, au contraire, en subit les
effets ; le minimum pour la position de la manivelle horizontale
qui correspond au piston montant diminue, tandis que le
maximum augmente et a lieu au moment où les deux manivelles sont inclinées à 45° sur l'horizontale, les pistons descen-
dant tous deux. Ainsi, dans les appareils où le poids de pièces
n'est pas équilibré, le rapport du maximum au minimum s'ac-
croit. On trouve, au contraire, que l'influence des forces vives
sur ce rapport est nulle ou négligeable. Ces considérations
doivent entrer en ligne de compte quand on discute en détail
telle ou telle machine ; mais il a fallu les négliger dans un
examen général comme celui que nous avons entrepris, puisque
les influences varient suivant la disposition particulière de
chaque appareil mécanique.

Remarquons que, dans le genre des machines à quatre cylindres dont nous avons parlé, la loi des variations de pression sur les paliers est tout à fait modifiée. Si dans les machines
ordinaires on voulait obtenir de très-grandes détentes, la pression serait pleine aux commencements de course et très-petite
aux bouts. Il en est tout autrement ici; aux extrémités de
course, les pressions sont minima pour le petit cylindre et le
maximum a lieu vers le milieu. Il en résulte que les points
morts sont beaucoup moins chargés que d'habitude, avantage
notable puisque c'est là que la force vive vient exercer son
maximum d'action, et qu'à ces parties de la course agissent
ordinairement les plus grandes fatigues. Ainsi, pour un appa-

reil qui admettrait la vapeur à 0,6 au petit cylindre et qui dé-
tendrait 9 fois, les pressions aux bouts de course seraient, tant
pour le petit que pour le grand, de 95 c/m de mercure par
unité de surface au maximum; ce seraient donc les mêmes
charges qui se produisaient autrefois dans les machines an-
ciennes à basse pression.

La plus grande force de pression sur le petit piston a lieu à
peu près au milieu de sa course; elle est double de ce qu'elle
donne aux extrémités.

Il reste encore à examiner quelle est la loi des pressions qui
s'exercent sur les paliers de la machine. Elles procèdent des
deux cylindres accouplés ensemble tels qu'ils ont été précédemment définis et sont différentielles. On peut les calculer pour
chaque dimension des machines qu'on adoptera; dans les
proportions que nous avons précédemment fixées, la pression
la plus grande qui se fait quand les deux pistons commencent
à marcher en sens inverse l'un vers l'autre n'atteint au plus
que 68 c/m de mercure par unité de surface des deux pistons
supposés réunis; c'est moins du tiers de ce que donnerait la
machine ordinaire; autrement dit, malgré une pression initiale à l'admission dans le petit cylindre, que nous supposons
de 190 c/m, correspondant à 2 atm. 3/4 aux chaudières, c'est
le même effet que si l'appareil mécanique fonctionnait par le
vide seulement. Ce qui précède se résume donc tout à l'avantage des machines à quatre cylindres; les pressions sur les paliers sont considérablement réduites, et les points morts sont
allégés des efforts considérables qui s'y produisent ordinairement.

L'économie du combustible, but définitif de toutes les considérations qui précèdent, peut s'évaluer théoriquement par l'étude des pressions sur les pistons dans laquelle nous venons d'entrer ; mais il faut, en outre, tenir compte d'éléments divers qui viennent modifier d'une façon sensible les résultats sur lesquels on pourrait compter. Ce sont surtout les refroidissements et les pertes de chaleur par rayonnement, pertes qui déterminent des condensations de vapeur. Aussi, pour maintenir la vapeur sèche dans les cylindres, condition indispensable quand on emploie de grandes détentes, il est nécessaire nonseulement de faire usage de vapeur surchauffée, mais d'en envelopper les cylindres et d'obtenir qu'ils soient aussi chauds que possible. Dans l'évaluation des consommations des diverses machines que nous avons passées en revue, il sera sans intérêt de tenir compte du couple de rotation moyen qui, d'après ce que nous avons vu, est au travail moyen sur les pistons dans un rapport presque constant et égal à 0,63.

Nous croyons qu'une machine à quatre cylindres, détendant 9 fois la vapeur et munie de surchauffe à 200°, comparée à une machine ordinaire marchant à la même pression, donnera une économie de 30 à 35 p. 100. L'appareil à trois cylindres, dont nous avons parlé, nous paraît devoir donner une économie de 17 p. 100 dans des conditions analogues et comparables.

Une économie de 30 à 35 p. 100 et même de 17 p. 100 sera un fait considérable dans le régime de la navigation, si elle est obtenue avec des éléments simples qui ne déprécient pas le navire, ne paralysent pas son activité et qui n'aggravent pas notablement les frais de construction, surtout ceux de réparations et d'entretien. Une machine à grande détente, à quatre cylindres, est assurément plus compliquée qu'une autre par le nombre de ses organes; mais rien ne peut, dans une combinaison de ce genre, présenter de mécomptes et de difficultés, puisque le degré de perfectionnement auquel sont arrivées aujourd'hui les constructions doit profiter intégralement à l'exécution de ces nouveaux appareils. L'entretien ne devra pas sortir des limites ordinaires, et, si le prix de construction est plus élevé, il y aura en partie compensation par la diminution des chaudières.

DIMENSIONS DES MACHINES A DOUBLE CYLINDRE.

Nous allons indiquer la méthode par laquelle on calculera les dimensions d'une machine dite de Wolf, et comment on se rendra compte de la puissance d'un appareil dont les spécifications seront données :

Le trait ABC DE représente la courbe donnant les pressions du petit cylindre; CD ENOC est la courbe des pressions sur le grand piston.

L'introduction de vapeur est AB

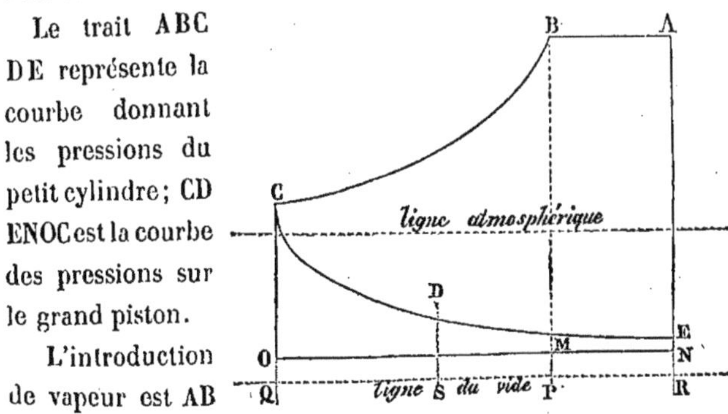

$= i$; c'est une fraction de la course des pistons QR que nous prenons pour unité; AR est la pression aux machines; nous la supposons déduite de celle aux chaudières en diminuant celle-ci de $^1/_4$ d'atmosphère, pour tenir compte des dépressions entre l'appareil évaporatoire et les machines.

La surface ABPR $= pi$.

La courbe BC est celle d'une détente ordinaire :

$$\text{surface BCQP} = \int_i^1 pi\,\frac{dx}{x} = pi \log.\left(\frac{1}{i}\right).$$

Celle CDE résulte du rapport entre le grand diamètre D et le petit d. Quand le petit piston est au bout de sa course, la

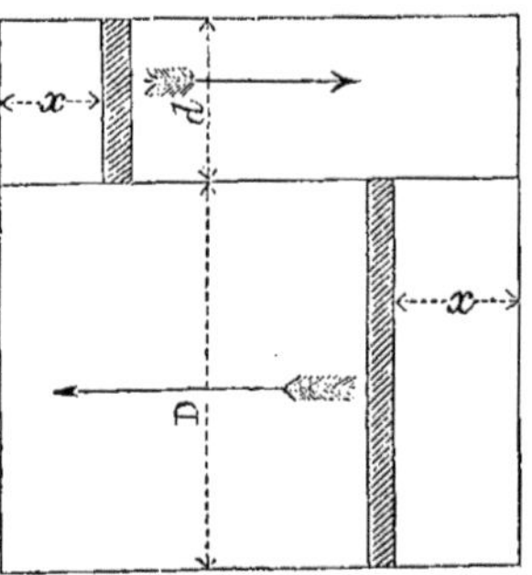

pression de la vapeur est pi et occupe le volume d^2c, ou d^2 seulement, puisque nous avons pris c pour unité, si le piston d marche d'une quantité x, de manière à réduire dans le petit cylindre le volume qu'y occupe la vapeur à $d^2(1-x)$, en même temps le grand piston s'avance en sens contraire de la quantité égale x; les deux cylindres communiquant entre eux, la vapeur se trouve répandue dans le volume.

$$d^2(1-x) + D^2x = d^2 + (D^2 - d^2)x$$

de sorte que la pression y est à chaque instant

$$(1)\qquad \frac{pid^2}{d^2 + (D^2 - d^2)x}.$$

Si n désigne l'expansion, c'est-à-dire le rapport de la détente à l'introduction, on remarque que la vapeur qui occupe à chaque coup de piston un volume pid^2 du petit cylindre est répandue à fin de course dans le grand ; il en résulte qu'on a toujours

$$nid^2 = D^2$$

on transforme ainsi (1) en

$$(2) \qquad \frac{pi}{1 + (ni - 1)x}$$

donc surface CDERQ $= \displaystyle\int_0^1 \frac{pidx}{1 + (ni - 1)x} = pi \frac{\log.ni}{ni - 1}$.

Au moyen des résultats qui précèdent, on forme

$$(3) \qquad \text{surface ABCDE} = pi\left(1 + \log\left(\frac{1}{i}\right) - \frac{\log ni}{ni - 1}\right)$$

$$(4) \qquad \text{surface CDENO} = \frac{pi}{ni - 1}\log ni - V$$

Nous supposons que le vide, n'étant pas parfait, est représenté par $V = NR$ marqués au baromètre à mercure ; c'est-à-dire qu'il est mesuré par 76 — V au-dessous de l'atmosphère. On obtiendra au plus $V = 19$ dans les machines à grandes détentes comme celles dont nous parlons.

La quantité (3) donne l'ordonnée moyenne de pression pour le petit cylindre, et (4) est l'ordonnée moyenne pour le grand, de sorte que, si on appelle A la quantité de travail qu'une machine d'une force donnée devra développer, on pourra écrire :

$$pid^2\left(1 + \log\left(\frac{1}{i}\right) - \frac{\log ni}{ni - 1}\right) + D^2\left(\frac{pi}{ni - 1}\log ni - V\right) = A$$

d'où

$$pid^2\left(1 + \log\left(\frac{1}{i}\right)\right) + pi\frac{D^2 - d^2}{ni - 1}\log ni - VD^2 = A$$

on en déduit $\qquad pid^2(1 + \log n) - VD^2 = A$

d'où (5)
$$\left(p\,\frac{1+\log n}{n} - V\right) D^2 = A$$

Ce résultat démontre que *le diamètre du grand piston est constant pour une expansion donnée et ne dépend pas de la plus ou moins grande introduction de vapeur dans le premier cylindre.*

On en conclut que *la mesure du grand diamètre donne la force de la machine sans qu'il soit nécessaire de faire entrer en compte le petit diamètre*, si toutefois on connaît la quantité d'expansion pour laquelle la machine est construite.

On peut calculer par la formule (5) les valeurs de D qui détermineront le diamètre du grand piston pour chaque puissance correspondant à diverses expansions n. On voit que la force nominale sera de la forme

$$\alpha D^2 CN \;(^*)$$

comme pour les machines ordinaires. Si on veut tenir compte de l'expansion, nous trouvons qu'on pourra prendre approximativement pour valeur du travail dynamique en kilogrammètres par seconde, et pour chaque paire de cylindres :

(6)
$$3 D^2 CN \left(p\,\frac{1+\log n}{n} - V\right)$$

le diamètre du petit cylindre se déduira du grand et de l'introduction de vapeur qu'on adoptera ; on le calculera par la formule

$$d^2 = \frac{D^2}{ni}$$

(*) D désigne le grand diamètre ; C, la course des pistons ; N, le nombre de révolutions par minute.

Nous avons réuni, dans le tableau suivant, les bases du calcul par lequel on se rendra compte immédiatement de la force d'une machine à double cylindre, et qui servira aussi à déterminer le diamètre du grand cylindre par comparaison, avec celui d'une machine ordinaire.

Il s'agit, nous le répétons, de machines marchant à la pression de 2 atmosphères $^3/_4$ aux chaudières, pression usitée dans la marine impériale, et comparées pour un égal travail sur les pistons avec des machines ordinaires, réglées à peu près à $^6/_{10}$ d'introduction.

EXPANSION.	COEFFICIENT PAR LEQUEL IL FAUT MULTIPLIER			
	Le chiffre de la puissance de la machine calculée sur le grand diamètre D par la formule ordinaire $\dfrac{D^2 C N}{0.59}$ pour avoir		Le diamètre du piston ordinaire pour trouver celui du grand piston d'une machine à deux cylindres.	Le diamètre d'une machine à deux cylindres pour trouver le diamètre correspond. d'une machine ordinaire.
	La force nominale comme machine à deux cylindres.	Le travail approximatif sur les pistons en kilogrammètres.		
5 fois.	0.5346	141.94	1.367	0.7312
5.5	0.4964	131.80	1.421	0.7046
6.	0.4606	122.29	1.474	0.6787
6.5	0.4329	114.35	1.520	0.6730
7.	0.4064	107.90	1.569	0.6375
7.5	0.3825	101.55	1.617	0.6185
8.	0.3609	95.82	1.665	0.6008
8.5	0.3424	90.91	1.712	0.5850
9.	0.3233	85.84	1.759	0.5686
9.5	0.3069	81.48	1.805	0.5540
10.	0.2916	77.42	1.852	0.5400
11.	0.2623	69.64	1.953	0.5121
12.	0.1375	36.51	2.690	0.3708

Par l'examen des chiffres qui précèdent, on voit combien

les diamètres augmentent avec rapidité sitôt que la détente s'é-
lève au-dessus de neuf et dix fois l'introduction. Nous allons,
au reste, établir que, pour la pression aux chaudières dont il
s'agit, l'expansion ne doit pas être poussée au delà de ces
chiffres qui sont au maximum.

En effet, la formule (5) montre que le travail de la machine
est :

$$\left(p\,\frac{1 + \log. n}{n} - V \right) D^2$$

La dépense de vapeur est proportionnelle au grand cylindre
et à la pression $\frac{p}{n}$ qui s'y exerce au moment de l'évacuation
au condenseur, quand le grand piston est au bout de sa course;
c'est donc :

$$D^2\,\frac{p}{n}$$

Le rapport du travail produit à la dépense de vapeur est
ainsi

$$1 + \log. n - \frac{nV}{p}$$

Cette quantité varie avec n, et le maximum aura lieu quand

$$\frac{1}{n} - \frac{V}{p} = 0$$

Donc quand $\qquad n = \frac{p}{V}$

C'est-à-dire que *le nombre qui exprime l'expansion ne doit pas dépasser le rapport de la pression initiale de vapeur près des cylindres, à la tension du vide au condenseur.*

Ainsi nous venons de supposer $p = 190$ et $V = 19$, le nombre n doit donc être égal au plus au nombre 10, et comme près du maximum les variations sont petites, que d'ailleurs on a tout avantage à le choisir en dessous du maximum, puisque les dimensions de la machine seront moindres, nous en concluons que dans ces appareils il faut que $n = 9$ ou soit inférieur.

En prenant $p = 100$, ce serait les cas d'appareils fonctionnant à basse pression : on trouverait que $n = 5$ environ.

Si on faisait $p = 5$ *atm* correspondant à des chaudières timbrées pour six atmosphères et qu'on supposât $v = 19^{c}/^{m}$ au baromètre, on trouverait que $n = 20$ est le maximum.

On voit ainsi combien la haute pression donne le moyen de développer la détente.

Ce maximum de n correspond, au reste, à des proportions de pression et de volume de cylindres pour lesquels la vapeur arrivera à fin de course du grand cylindre à la tension qu'elle conserve dans le condenseur.

Nous venons d'indiquer sur quelles bases s'appuie le calcul du grand diamètre D, ainsi que celles qui doivent fixer dans le choix de la valeur de n; nous allons compléter cet exposé en déterminant l'introduction la plus convenable qu'il convient d'adapter au petit cylindre.

Puisque le diamètre D est constant, quelle que soit l'introduction i dans le petit cylindre,
plus i sera petit, plus d^2 sera
grand et plus aussi la pression
maximum qui s'exerce sur le grand
diamètre sera petite; il s'agit de
chercher quelle doit être l'introduction i pour que les maxima
de pression sur les surfaces d^2 et D^2
soient aussi petits que possible.

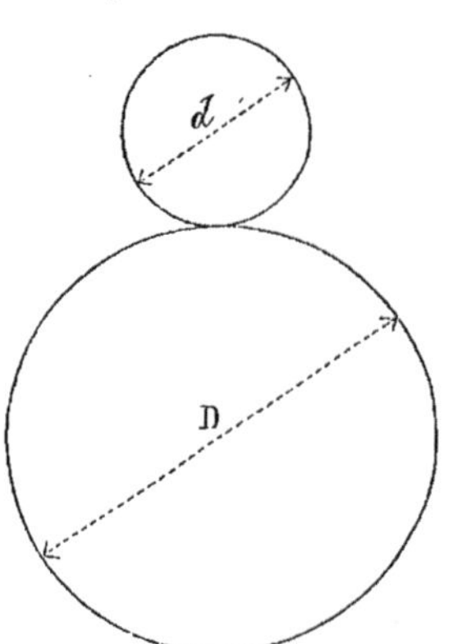

Nous distinguerons trois cas :
1° *Les deux cylindres sont placés bout à bout.*

On doit chercher à faire en sorte que la pression maximum
des deux pistons qui agissent ensemble dans ce genre de machines soit la plus petite possible, puisque c'est sur ce maximum que se calculent toutes les pièces : tiges de pistons,
bielles, coussinets, etc.

Si on se reporte à la courbe (fig. 1), on voit qu'à la fin de
l'introduction A B, et en faisant $BP = p$ $DS = p'$ $OQ = V$,
la somme des deux pressions sur les pistons s'exprime par

$$(p - p')\, d^2 + (p' - V)\, D^2 \text{ ou } p\, d^2 + p'\, (D^2 - d^2) - V\, D^2.$$

Il est évident que si on mesurait ces quantités au delà de B,
fin de l'introduction, p et p' diminueraient, par conséquent que
la quantité précédente prendrait des valeurs moindres; il est
évident aussi que, en la mesurant entre B et A, p restera le
même et p' augmentera; donc le maximum a lieu en A au

moment de l'entrée de la vapeur dans le cylindre, et la quantité précédente s'exprime alors par :

$$p (1 - i) d^2 + (pi - V) D^2$$

ou

$$p D^2 \left[\frac{1-i}{ni} + i - \frac{V}{p} \right].$$

En dérivant, on trouve que le maximum a lieu quand

$$ni^2 = 1$$

d'où

$$i = \sqrt{\frac{1}{n}}.$$

2° *Les deux cylindres sont placés à côté l'un de l'autre.*

Dans cette disposition de machines où chaque cylindre travaille isolément, on doit chercher à égaliser les deux maxima afin d'arriver à rendre pareilles et susceptibles de se remplacer l'une par l'autre toutes les pièces de chaque cylindre, tiges de pistons, bielles, coussinets, etc., qui se calculent chacune isolément sur le maximum de pression de chaque cylindre.

En se reportant à la fig. 1, on voit que le maximum pour le grand cylindre correspond bien à l'ordonnée C O, c'est-à-dire au commencement de la course du piston ; le maximum pour le petit sera B P — D S ; il se produira, en effet, à la fin de l'introduction, parce qu'au delà de B la courbe de la détente B C s'abaisse beaucoup plus rapidement que l'arc D E de la courbe du grand cylindre C D E. Ce maximum sera donc en calculant D S par la formule (2) et faisant $x = i$

$$d^2 (BP - DS) = \frac{p D^2}{ni} \left(1 - \frac{i}{1 + (ni - 1) i} \right)$$

et la plus forte pression au grand cylindre étant $(pi - V)$ D²,
on fera :

$$1 - \frac{i}{1 + (ni - 1)\,i} = ni\left(i - \frac{V}{p}\right).$$

D'où l'on déduit :

$$(7)\ \ n^2 i^4 - \left[n + \left(\frac{V}{p}\right) n^2\right] i^3 + \left(\frac{V}{p}\right) n i^2 + \left[2 - \left(\frac{V}{p}\right) n\right] i - 1 = 0.$$

Au moyen de cette équation et en donnant au rapport $\dfrac{V}{p}$
diverses valeurs qui, pour chaque pression p, pourront s'obtenir approximativement en prenant $V = 1/4$ d'atmosphère, on
calculera les quantités i correspondantes à n variant jusqu'à
$n = \dfrac{V}{p}$, limite supérieure qui, nous venons de le démontrer,
ne doit jamais être dépassée.

Si on fait, comme nous l'avons déjà indiqué pour les machines marchant à 2 atm. 3/4 aux chaudières, $V = 19$,
$p = 190$, $\dfrac{V}{p} = 1/10$, l'équation (7) donne alors la formule
pour calculer, dans ces conditions, les quantités d'introduction i
qu'il faut employer pour chaque expansion n, si on veut que les
pressions maxima soient égales au petit et au grand cylindre.

Le tableau suivant donne les valeurs de i dans les deux cas
que nous venons d'examiner. Il est à remarquer que les premières conviennent aux machines dont les cylindres sont bout
à bout, quelle que soit la pression aux chaudières, tandis que
les secondes ne sont applicables qu'aux pressions pour lesquelles celle du vide au condenseur est à peu près égale au
dixième de la pression initiale aux cylindres.

EXPANSION.	INTRODUCTION DE VAPEUR AU PETIT CYLINDRE A DONNER AUX	
	Machines dont les deux cylindres sont au bout l'un de l'autre.	Machines dont les deux cylindres sont à côté l'un de l'autre.
4 fois.	0.500	0.461
4.5	0.472	0.444
5.	0.447	0.430
5.5	0.426	0.417
6.	0.408	0.405
6.5	0.392	0.394
7.	0.378	0.384
7.5	0.365	0.375
8.	0.353	0.366
8.5	0.343	0.358
9.	0.333	0.351
9.5	0.324	0.345
10.	0.316	0.339
10.5	0.309	» »
11.	0.302	» »
11.5	0.295	» »
12.	0.289	» »
12.5	0.283	» »
13.	0.277	» »
13.5	0.272	» »
14.	0.267	» »
14.5	0.262	» »
15.	0.258	» »

Ces résultats sont très-intéressants ; ils prouvent qu'il y a presque égalité entre les deux conditions que nous venons d'indiquer, ce qui donne encore plus de raisons de les choisir dans la régulation des machines du système Wolf.

3° *On veut égaliser le travail du petit et du grand cylindre.*

Nous avons vu précédemment que (fig. 1) équations (3) (4)

$$\text{Surface ABCDE} = pi \left[1 + \log\left(\frac{1}{i}\right) - \frac{\log ni}{ni - 1} \right].$$

$$\text{Surface CDENO} = \frac{pi}{ni - 1} \log ni - V$$

Pour remplir les conditions indiquées, le produit de la première de ces surfaces, multiplié par d^2, doit être égal au produit de la seconde par D^2, et, comme $D^2 = nid^2$, on aura donc :

$$\text{Surface} \qquad \text{CDENO} = ni \times \text{surface ABCDE.}$$

D'où l'on déduit :

$$1 + \log i - \frac{ni + 1}{ni - 1} \log ni + \frac{nV}{p} = 0$$

et (8)
$$\frac{2ni}{ni - 1} \log ni = 1 + \log n + \frac{nV}{p}.$$

Si on prend, comme précédemment, $\dfrac{V}{p} = \dfrac{1}{10}$, on formera avec (8) une équation qui donnera le moyen de calculer les valeurs de i correspondant à diverses valeurs de n. On obtiendra les chiffres suivants :

EXPANSION.	Introduction de vapeur dans le premier cylindre pour les machines dans lesquelles on veut égaliser le travail de l'un et de l'autre.
4.	0.404
4.5	0.412
5.	0.520
5.5	0.528
6.	0.536
6.5	0.544
7.	0.552
7.5	0.560
8.	0 568
8.5	0.576
9.	0.584
9.5	0.592
10.	0.600

Ces chiffres montrent que l'introduction doit être plus grande quand on veut l'égalité du travail des deux cylindres que lorsqu'on recherche celle des maxima, de sorte que, dans cette dernière combinaison, le travail du grand cylindre est très-inférieur à celui du petit.

En résumé, nous avons montré comment on calcule le grand diamètre de ces appareils (page 33); comment on doit choisir l'expansion totale (page 34). Nous venons de déterminer dans chaque cas quelle doit être l'introduction au petit cylindre, et nous avons établi que le petit diamètre se déduisait de ces trois éléments par la formule :

$$d^2 = \frac{D^2}{ni} .$$

On voit ainsi que les dimensions des machines marines de ce genre s'obtiennent toutes par des déductions rationnelles plus précises encore que pour les appareils ordinaires.

Nous allons maintenant passer en revue les autres éléments d'économie que nous avons signalés plus haut, et chercher à mesurer leur valeur réelle en les supposant ajoutés à un appareil à grande détente, base première des idées nouvelles sur la construction des machines. Nous parlerons, en premier lieu, des condenseurs à surface.

CONDENSATION PAR SURFACE.

L'une des inventions les plus importantes parmi toutes celles dont le grand Watt a doté notre siècle industriel est assurément la manière de produire instantanément le vide en projetant de l'eau froide dans le condenseur. Elle donne le moyen d'accroître la force d'une machine sans augmenter ses dimensions ; elle a trouvé sa plus large application dans la navigation, car l'abondance de l'eau y aide naturellement ; l'usage des appareils à basse ou à moyenne pression, qui a prévalu, donne aussi une valeur particulière à la condensation, qui en est le complément indispensable.

Le mode de condensation de Watt, appliqué aux machines marines, a l'inconvénient de faire rejeter à la mer, avec l'eau d'injection par les pompes à air, la vapeur condensée à mesure qu'elle se forme, de sorte que l'alimentation des chaudières se fait à l'eau de mer, tandis que l'eau plus douce est perdue ; pour éviter l'encombrement des sels qui se produisent en même temps que l'évaporation, on fait une *extraction* continue ou alternative qui, réglée convenablement, maintient la saturation entre 2 et 3° de l'aéromètre de Baumé. Il y a là une perte assez grande de chaleur et de combustible dont il est facile de calculer l'importance.

Supposons, par exemple, qu'on enlève par extraction la moitié de l'eau nécessaire à l'alimentation, autrement dit, que sur trois parties d'eau introduites dans la chaudière on en fasse sortir une; on rejettera à la mer, en pure perte, le nombre des calories contenues dans cette quantité à la température correspondante à la pression de la chaudière, diminuée de celle de l'alimentation qui se fait ordinairement avec l'eau du condenseur à 40° environ. D'autre part, la quantité de calories utilisée se mesurera par la même différence de température augmentée de la chaleur latente de la vapeur et calculée sur la masse d'eau. Le rapport des nombres donnera la mesure approximative de la perte de chaleur et de charbon due à l'extraction.

Il est assez difficile de préciser si l'extraction est bien 1/3 de l'eau introduite ou si elle ne s'élève pas jusqu'à 1/2 dans beaucoup de circonstances. Cela dépend, d'ailleurs, des mers dans lesquelles on navigue et qui n'ont pas toutes la même composition chimique. On pourrait même admettre qu'elle atteindrait peut-être jusqu'aux 3/5, si la pression des chaudières était élevée beaucoup au-dessus de la limite en usage dans la marine. Nous avons calculé les pertes dues à l'extraction pour ces diverses hypothèses, et, en tenant compte aussi des variations de pression dans les chaudières depuis $2^{atm},75$ jusqu'à $3^{atm},75$, on obtient les résultats suivants :

PRESSION aux chaudières.	TEMPÉRATURE de la vapeur.	PERTE DE COMBUSTIBLE.		
		EXTRACTION $\frac{1}{3}$	EXTRACTION $\frac{1}{2}$	EXTRACTION $\frac{3}{5}$
2 at.$^3/_4$	132°	0.068	0.136	0.204
3 at.$^1/_4$	138°	0.072	0.144	0 216
3 at.$^3/_4$	143°	0.076	0.152	0.228

Nous n'avons pas poussé ce calcul au delà, parce qu'à partir de 4 atm. de pression l'emploi de l'eau de mer et des extractions continues ne peut plus avoir lieu.

On voit que, dans les machines ordinaires, la perte de combustible qui correspond à des extractions variant entre 1/3 et 1/2 peut être estimée, en moyenne, de 10 à 12 pour 100. Mais on se rend compte aussi combien la perte s'accroît à mesure que la pression s'élève et que les précipités salins étant plus abondants, les extractions augmentent. S'il était démontré qu'elle dût atteindre, en effet, pour la pression 4 atm., jusqu'au 23° ou 25 pour 100, on reconnaîtrait que les bénéfices de la surélévation de pression sont plus que compensés par l'excédant d'extraction. Nous reviendrons plus loin sur cette question.

Il résulte de ce qui précède que, si l'intérêt de supprimer l'extraction grandit à mesure que la pression monte, la perte de calories dépend plutôt de la quantité d'eau qu'on enlève que de sa température.

Afin d'éviter les extractions, on a imaginé de condenser la

vapeur par surface; pour cela, on entretient, au dehors d'un condenseur tubulaire, une circulation d'eau froide qui absorbe constamment la chaleur de la vapeur. Cette eau emporte donc à la mer, comme dans les machines à injection, la plus grande partie des calories développées par la combustion, qui n'ont ainsi profité qu'indirectement en produisant la force élastique de la vapeur et son travail mécanique. L'invention des machines à vapeur combinées de M. du Tremblay avait pour but d'utiliser cette chaleur perdue : il est évident qu'on doit trouver là, un jour, une base d'économie de combustibles des plus importantes; plusieurs navires économisaient déjà près de la moitié du charbon et ont fonctionné longtemps.

La voie ouverte par M. du Tremblay est tout à fait ingénieuse; nous désirons vivement que ses études, si dignes d'intérêt, soient reprises avec les éléments nouveaux que la chimie et la physique apportent chaque jour en aide aux recherches industrielles.

Les condenseurs à surface ont été essayés encore depuis quelque temps dans un autre but; on veut retrouver la vapeur condensée sans mélange à l'eau de mer et la renvoyer à la chaudière, afin d'éviter l'augmentation de saturation et d'épargner l'extraction. On espère chauffer avec de l'eau douce qu'on prendrait dans l'appareil évaporatoire au départ du port et qui servirait indéfiniment en passant de la chaudière au condenseur et de celui-ci à celle-là.

Cette idée date de l'invention même des machines à vapeur et surtout de leur application à la navigation maritime; elle a été autant de fois abandonnée que reprise, et, dans les tentatives actuelles qu'ont faites un assez grand nombre des constructeurs anglais, les résultats obtenus ont été peu encourageants. On constate les inconvénients suivants :

1° *Encombrement des matières grasses.* — Il est évident que rien ne sortant de ces machines ni par l'extraction, ni par les pompes à air, la graisse qu'on introduit constamment pour lubrifier les parties frottantes s'ajoute à l'eau contenue dans l'intérieur des machines, à laquelle elle se mêle bientôt en proportion très-notable. A moins qu'on arrive à réduire les consommations ordinaires de graisse, on peut compter sur 100 grammes par jour et par cheval, de sorte qu'en 60 jours de marche, par exemple, pendant lesquels on ne pourra souvent renouveler l'eau douce des chaudières, pour une machine de 500 chevaux qui renfermerait 66,000 kilog. d'eau, la masse de graisse introduite serait de 3,000 kilog. ou $\frac{1}{22}$.

Les chaudières se chargeant de la sorte ont fréquemment des ébullitions tumultueuses fort gênantes pour la marche, et les condenseurs arrivent à se salir et à prendre des incrustations dont il faut se débarrasser fréquemment au moyen d'un travail très-laborieux. Pour se former une idée précise de la difficulté de les nettoyer, on peut compter le nombre des tubes dont se composera un condenseur à surface. On est tenu de leur donner un petit diamètre, afin de réduire les dimensions de l'appareil qui doit présenter une surface totale d'environ les $\frac{6}{7}$ de la surface de chauffe des chaudières. Si on suppose des tubes de 0^m,012 de diamètre et de 2 mètres de longueur, on trouvera qu'il en faudrait de 3 à 4,000 pour une force de 500 chevaux.

Les complications qui en résultent sont si grandes, que les constructeurs anglais ont porté leur principale attention sur les dispositions convenables pour aider au nettoiement; on a imaginé une plaque de caoutchouc qui prend les tubes tous ensemble; en la desserrant, on arrive à les enlever et à les nettoyer dans des ateliers. D'autres essayent l'assemblage des tubes avec des blagues en bois faciles à couper. Quoi qu'on puisse faire, ce sera toujours un travail fort difficile que de retirer, d'approprier et de remettre un pareil nombre de tubes. Ils doivent être en laiton ou en cuivre rouge pour les mêmes motifs qui ont fait adopter ces matières dans les chaudières tubulaires.

2° *Usure des chaudières.* — On a constaté, dans les essais faits en Angleterre, que les appareils évaporatoires des machines munies de condenseurs à surfaces s'usaient avec rapidité. Il est même arrivé que les chaudières *patent* de M. Rowan qui avaient été mises à bord de navires faisant le service régulier entre Liverpool et Glascow, et en particulier sur la « *Thetis,* » ont été percées en dix-huit mois; les tubes ont été les plus atteints, mais toutes les parties avaient souffert et arrivaient ainsi presque ensemble et prématurément à leur fin. On a cru expliquer ces faits si saillants, si nets, d'abord par l'action de l'eau douce qui, ne donnant plus de dépôt salin sur les tubes et les parois des chaudières, les livrait à une oxydation plus facile; on l'a attribuée aussi à la haute pression de ces chaudières qui fonctionnaient à 8 atmosphères.

Il est plus probable que la destruction des tôles et des autres parties en fer de la chaudière est due aux condenseurs à surfaces et à tubes en cuivre, que le renvoi continuel de l'eau vers le condenseur et inversement détermine une action galvanique qui absorbe le fer, et qu'elle est aidée par les matières grasses qui s'aigrissent et servent à la conductibilité. Cet inconvénient est des plus graves, car il faudrait que l'économie résultant du condenseur à surface fût beaucoup plus grande qu'elle ne peut être pour qu'il y eût compensation. L'usure des chaudières et leur remplacement fréquent jouent un très-grand rôle dans la navigation.

3° *L'économie n'est pas réellement ce que donne le calcul.* — On a constaté qu'elle était fort minime, et les constructeurs eux-mêmes qui ont entrepris des essais paraissent presque tous d'avis du peu de vitalité des machines de ce système. Quoi qu'il en soit, beaucoup d'entre eux les conservent; c'est une espèce de mode que chacun paraît subir tout en en connaissant les défauts.

4° *Coût de l'appareil.* — Construit tout en cuivre, avec la multitude de ses tubes, il augmente beaucoup le prix de revient des machines. On peut estimer cette différence comme variant entre 150 et 300 francs par cheval suivant les prétentions de chacune à l'égard du mérite de telle ou telle petite invention brevetée ou non. Ainsi, pour une machine de 100 chevaux, ce serait un excédant de 15,000 à 30,000 francs. Or il est certain que si on applique à ces chiffres les frais d'intérêt, d'assurances, d'amortissement et d'entretien, soit 25 pour 100, dont il faut tenir compte dans une gestion d'ensemble, on trouvera un accroissement de dépenses de ce chef qui sera supérieur à l'économie réalisée ; car, si on obtenait 10 pour 100 sur une machine marine de 100 chevaux qui consomme 500 kilog. par heure et fonctionne 125 jours par an, cette économie du combustible serait de 4,000 francs, si le charbon valait 30 francs la tonne; elle serait proportionnelle pour d'autres prix.

En résumé, on reprend ces appareils auxquels l'expérience a fait renoncer depuis longtemps et dont l'idée est presque aussi ancienne que la navigation à vapeur; on les reprend sans modifications et sans progrès nouveaux; ils sont tels qu'on les faisait autrefois. Le condenseur à surface d'aujourd'hui est le même que celui de Hall. Nous avons dit que les résultats qu'il procure sont inférieurs à ce qu'indique le calcul; on doit encore ajouter à ce mécompte, qu'il fait partie d'une machine à grande détente, déjà économique par elle-même. Ainsi il ne faut pas espérer 10 à 12 pour 100, mais seulement une quantité réduite en proportion, de sorte qu'on n'aura tout au plus que 7 à 8 pour 100 de bénéfice dont il faudrait déduire tous les frais inhérents au système.

Un si mince résultat devant les inconvénients précédemment signalés, d'un coût plus élevé, de l'usure des chaudières et de difficultés d'entretien et de nettoyage, nous fait regarder les condenseurs à surfaces comme des instruments peu capables de faire progresser sérieusement la navigation. Pour nous, ils sont inséparables des hautes pressions de vapeur, et il est sans raison d'en faire usage, si on ne pousse pas la pression des chaudières au delà des limites où l'extraction est encore possible et où l'intérêt de chauffer à l'eau douce devient alors capital. Encore ne devra-t-on pas oublier que l'usure des chaudières est, dans ces conditions, un fait grave, bien constaté, et contre lequel il reste à se prémunir.

HAUTE PRESSION.

A mesure que l'on fait monter la pression des chaudières d'une machine, la température augmente, la densité de la vapeur devient plus grande et la consommation du combustible s'accroît en raison de ces deux éléments. D'un autre côté, le travail sur les pistons suit aussi une loi d'augmentation. On sait en principe que les appareils mécaniques sont d'autant plus économiques que la pression initiale est plus forte; il est utile de savoir approximativement dans quelle proportion. En supposant la même machine fonctionnant à diverses pressions et en rapportant les consommations au régime de 2 atm. 3/4, usité dans la marine impériale, on trouverait la loi suivante :

PRESSION AUX CHAUDIÈRES en atmosphères.	TEMPÉRATURE de vapeur.	POIDS du mètre cube.	ÉCONOMIE théorique.
2 atmosph. 3/4	132°	1^k,487	0.000
3 — 1/4	137.7	1^k,734	0.041
3 — 3/4	143.	1^k,970	0.077
5 — »	153.1	2^k,576	0.126
6 — »	160.2	3^k,040	0.150

L'examen de ces résultats fait voir que, dès qu'on approche de 6 atmosphères, la température de la vapeur est presque la même que celle de la surchauffe que nous avons signalée comme devant servir de limite; par conséquent, en élevant la pression, la valeur du surchauffage perd de son importance, et à 6 atmosphères il paraît peu utile d'en faire usage. Ce motif et le petit bénéfice qu'on trouverait à faire monter la pression de 1/2 et même de 1 atmosphère, au-dessus de celle de 2 atm. 3/4 qui est actuellement adoptée pour les chaudières tubulaires, prouvent qu'il ne faut abandonner les excellents modèles qui résument une pratique de près de vingt années que si l'on est certain de les remplacer par des appareils construits dans des conditions de durée, de solidité, de facilité d'entretien encore bonnes. Il en résulte aussi que ce n'est pas par de petits accroissements qu'il faut modifier les pressions, mais qu'on doit aborder de suite des augmentations de 2 et 3 atmosphères au moins. On ne peut pas se dissimuler combien des chaudières à des hautes pressions de 6 et 8 atmosphères, placées à bord de navires où sont agglomérés d'habitude une grande quantité d'hommes, sont dangereuses et combien elles exigent une surveillance constante, peu en rapport avec les conditions ordinaires du service à la mer.

Néanmoins, les avantages généraux de la haute pression sont considérables, car à l'économie de combustible il faut ajouter la légèreté des machines, qui sont plus petites dans leurs dimensions principales, par conséquent moins encombrantes et moins coûteuses.

Les hautes pressions permettent aussi de plus grandes détentes; et on trouvera là une source très-importante de bénéfices. Ainsi, avec une pression de 6 ou 8 atmosphères, on pourrait pousser l'expansion jusqu'à quinze fois l'admission. Dans de pareilles machines, l'usage des combinaisons essayées par M. Norman, fils, du Havre, donnerait sans doute d'excellents résultats; on ferait une détente déjà grande au premier cylindre, comme nous l'avons indiqué (page 39), et on surchaufferait la vapeur, avant son entrée dans le second, par le simple contact avec la vapeur sortant du coffre à vapeur de la chaudière. Ce réchauffement intermédiaire la préparerait à la grande dilatation qu'elle aurait à prendre en sous-œuvre.

La pression en augmentant engendre des dépôts salins plus abondants. On a fait récemment diverses expériences qui ont établi qu'au delà de 150° les eaux de mer déposent, en les précipitant, certains sels qui y demeurent ordinairement en dissolution à des températures moindres; ce sont principalement les sulfates et le sulfate de soude en particulier.

Ainsi on ne peut pas atteindre la pression de 5 atmosphères sans tomber dans des inconvénients graves; il faut donc ou recourir aux condenseurs à surfaces, ou chercher quelques moyens de séparer ces sels de l'eau avant son introduction dans les chaudières; il est indispensable de ne pas les encombrer par des dépôts salins difficiles à extraire et qui, adhérant fortement sur les tubes, les foyers et sur toutes les parties directement chauffées, seraient une cause de danger, principalement pour un appareil à haute pression.

Si on cherchait à opérer préalablement une séparation mécanique des sels en chauffant l'eau d'alimentation à une forte température, de 160° par exemple, il faudrait un appareil préparatoire bien considérable pour l'objet qu'il aurait à atteindre;

il devrait prendre environ le cinquième de la surface de chauffe totale ou un foyer sur cinq; en effet, si la pression des chaudières est à 5 atmosphères, la chaleur de la vapeur est exprimée par 700 et celle de l'eau par 160; en déduisant les calories de l'eau d'alimentation qu'on peut supposer à 40°, on trouve pour le rapport 5.5. Il y a néanmoins, dans les recherches physiques et chimiques relatives aux sels de l'eau de mer, des questions du plus haut intérêt pour la marine.

Nous avons passé en revue les diverses combinaisons qui sont de nature à faire progresser le matériel naval, et nous avons essayé d'apprécier la valeur de chacune d'elles. Dans l'état actuel des choses, les grandes détentes et la surchauffe de vapeur sont les deux éléments où l'on peut et où l'on doit trouver le moyen d'entrer avec sûreté dans la voie des perfectionnements; nous avons établi qu'on y rencontrerait une source d'avantages très-considérable. Il n'en est pas moins vrai que des recherches nouvelles, l'étude et le temps donneront aux autres sources d'économie un mérite pratique qui viendra encore en amélioration.

Si nous supposions que toutes les questions que nous avons examinées fussent résolues avantageusement, c'est-à-dire que les grandes détentes et la surchauffe donnassent les résultats attendus, que les machines rotatives fussent réalisées et substituées aux appareils actuels, que les condensations par surfaces fussent amenées à bien fonctionner, qu'il en fût de même des hautes pressions, et qu'enfin l'emploi des vapeurs combinées fût repris et réussît, les consommations de combustible seraient réduites au sixième de ce qu'elles sont aujourd'hui. La marine aurait fait alors un pas immense.

Les recherches de la science préparent ce progrès auquel viennent aider le mérite toujours croissant de l'exécution des machines à vapeur et le développement du matériel naval des nations maritimes.

La Ciotat, août 1863.

Paris. — Imprimerie de Mme Ve BOUCHARD-HUZARD, rue de l'Éperon, 5.